AF603100

NOTICE

SUR LA MALADIE

QUI RÈGNE ÉPIZOOTIQUEMENT

SUR LES CHEVAUX;

PAR J. GIRARD,

Directeur de l'École royale Vétérinaire d'Alfort, ancien Professeur dans le même Établissement, Membre titulaire de l'Académie royale de Médecine, de la Société royale et centrale d'Agriculture, etc.

TROISIÈME ÉDITION, REVUE.

JUIN, 1825.

PARIS,

BECHET JEUNE, LIBRAIRE,

PLACE DE L'ÉCOLE-DE-MÉDECINE, N° 4.

DE L'IMPRIMERIE DE FEUGUERAY,
RUE DU CLOÎTRE SAINT-BENOÎT, N° 4.

NOTICE
SUR LA MALADIE
QUI RÈGNE ÉPIZOOTIQUEMENT
SUR LES CHEVAUX.

La maladie dont nous nous proposons d'esquisser de nouveau l'histoire a pris, depuis la fin du mois de février dernier, tous les caractères d'une épizootie qui s'est promptement répandue, mais qui semble actuellement décroître, et perd sensiblement de son intensité. Elle attaque indistinctement tous les chevaux, se montre aussi sur les ânes (1), et règne dans presque tous les départemens, à l'exception de quelques-uns du midi, où elle n'a pas encore paru. D'après des rapports parvenus au Ministère des Relations extérieures, une semblable

(1) Nous avons observé une maladie parfaitement semblable dans deux bêtes à cornes, qui ont guéri après avoir été traitées par les anti-phlogistiques.

épizootie se ferait remarquer en Danemarck, en Suède, ainsi que dans la Crimée et aux bords du Niéper, et aurait occasioné dans ces pays les plus grands ravages.

L'on n'est pas plus d'accord sur le lieu de sa première apparition en France que sur l'époque précise de sa naissance. Au dire de quelques vétérinaires, l'affection aurait été signalée dès l'automne de 1823, et n'aurait été que sporadique jusqu'au commencement de cette année, époque où elle s'est propagée et a excité une attention particulière. Il paraît bien certain qu'elle a été vue et traitée, pendant les trois derniers mois de 1824, en même temps dans plusieurs contrées, et plus particulièrement dans les lieux bas et humides. Du côté du nord, elle a d'abord paru aux environs de la ville de Rouen, d'où elle s'est propagée successivement dans les divers arrondissemens de la Seine-Inférieure, et a été portée, par la voie du commerce, dans les départemens circonvoisins, de l'Eure, du Pas-de-Calais, de l'Oise et de Seine-et-Oise.

D'après des renseignemens recueillis et communiqués par MM. Leprévost père et fils, médecins-vétérinaires à Rouen, les premiers chevaux affectés auraient été observés, au commencement de l'hiver, dans la vallée de Fleury, distante de deux myriamètres environ du chef-lieu de la Seine-Inférieure. Cette vallée, au fond de laquelle coule une rivière, et qui est entourée de coteaux élevés, boisés du côté du nord-ouest, semble avoir été non-seulement le foyer d'origine de la maladie, mais encore le théâtre de ses plus grands ravages. Un seul habitant de cette vallée, M. Cerf, a perdu quarante chevaux, et les autres propriétaires ont tous éprouvé des pertes proportionnées. La même maladie s'est montrée au commencement de cette année dans diverses écuries de la capitale, et j'ai eu occasion de l'examiner pour la première fois, au mois de février, chez un loueur de carrosses qui avait déjà perdu cinq à six chevaux sur un nombre de vingt-un (1).

La manière dont cette affection s'est répandue, les caractères particuliers qu'elle présente, les désordres intérieurs qu'elle occasione, ont fait présumer, dans les premiers temps, que la contagion pouvait avoir quelque part à sa propagation et en être même la cause principale.

---

(1) M. Vatel, professeur de clinique à l'École royale Vétérinaire d'Alfort, et qui m'a accompagné dans la tournée faite en mars dans le département où existait l'épizootie, a reconnu également la maladie au commencement du même mois de février, parmi les chevaux présentés en consultation à l'Ecole d'Alfort.

Nous discuterons plus bas cette question importante, et nous rapporterons les faits qui pourront appuyer ou infirmer une telle opinion.

Marche et caractères de la maladie.

Des considérations sur sa nature, sur les symptômes qui la distinguent, sur les terminaisons dont elle peut être suivie, formeront l'objet de ce premier article; mais avant d'entrer dans ces détails, voyons si cette affection ne présente pas de l'analogie avec les épizooties observées et décrites par quelques auteurs. « D'après ce que rapportent Lancizi, Ramazzini, Gœlick, Sauvages et autres, il ne peut » guère rester de doute sur la nature des épi» zooties dont ils ont donné l'histoire. Tantôt » les symptômes étaient ceux d'une pneumo» nie, d'autres fois d'une angine, d'une gas» trite, d'une entérite, etc. La bouche et l'ar» rière-bouche étaient couvertes d'ulcères; les » viscères de la poitrine, ceux du ventre, » étaient gangrénés. Dans l'épizootie de 1744, » 1745, 1746, une constipation opiniâtre, sui» vie d'une diarrhée fétide, était un des prin» cipaux caractères de la maladie. On trouvait, » à l'ouverture des cadavres, des marques d'in» flammation violente des estomacs et des in-

» testins; les poumons paraissaient quelque-
» fois enflammés, etc. » (1).

Toutes ces affections ont plus ou moins de rapport avec celle dont nous allons parler, et qui se rapproche aussi de la *fièvre charbonneuse,* décrite par Chabert dans les *Instructions vétérinaires*. La maladie qui sévit maintenant, et se montre avec des caractères essentiellement inflammatoires, nous paraît devoir être considérée comme une gastro-entérite presque toujours compliquée d'angine, de cardite, de péricardite, d'épiploïte, parfois aussi de pleurésie, de pulmonie et d'hépatite. Elle s'annonce par une inappétence presque subite, par la pesanteur de la tête, par la roideur de la colonne dorso-lombaire et des extrémités postérieures. Les mouvemens de ces parties deviennent gênés, la marche embarrassée; l'animal semble boiter, traîne les membres abdominaux, et ne tarde pas à chanceler. Dès le début, le pouls augmente de vitesse et donne de soixante à quatre-vingts pulsations par minute; il est tantôt plein et dur, d'autres fois faible et presque effacé. Le ventre devient tendu sans se météoriser, la respiration labo-

---

(1) *Existe-t-il en médecine vétérinaire des exemples bien constatés de fièvres essentielles?* par M. Girard fils. (*Rec. de Méd. vét.*, tom. 1, pag. 307.)

rieuse, la bouche sèche et pâteuse, et la marche de plus en plus difficile. La plupart des chevaux ne peuvent se coucher; plusieurs ne se soutiennent debout qu'avec peine, et quelques-uns n'osent changer de place, dans la crainte de tomber. De violentes palpitations du cœur ont été, chez quelques sujets, les avant-coureurs de la maladie; chez d'autres, des espèces de frissons, des tremblemens dans les muscles de la jambe et de l'épaule, ont complетté la scène des premiers désordres. Au fur et à mesure que l'affection fait des progrès, les forces semblent se concentrer à l'intérieur, et la peau perd presque toute sa sensibilité, au point qu'il arrive une époque où le cheval ne témoigne aucune douleur lorsqu'on pratique des incisions à l'effet d'établir des points de dérivation capables de rappeler les forces à l'extérieur et de déterminer une révulsion avantageuse. Les évacuations alvines deviennent rares et difficiles; les crottins, secs, sont couverts d'un enduit muqueux et glaireux (coiffés). Dans quelques chevaux, l'urine, chargée et colorée en rouge, ou bien limpide et crue, s'accumule dans la vessie, et l'animal ne peut l'expulser, malgré les efforts continuels qu'il fait pour y parvenir. La plupart des animaux font entendre, dans le fort de la maladie, des grincemens de dents qui se renouvellent à certains intervalles; tous éprouvent une chaleur considérable au bas de la crinière et sur toute la région pariétale.

Les symptômes pathognomoniques que nous venons de faire connaître sont constans, mais variables dans leur intensité, et presque toujours accompagnés d'autres phénomènes particuliers. Ainsi, le larmoiement annonce souvent l'invasion de la maladie, et s'établit d'un seul côté ou des deux côtés en même temps; les conjonctives s'infiltrent, prennent une couleur pourprée dont le fond est souvent jaunâtre, et elles se chargent parfois de phlyctènes plus ou moins grosses et multipliées; les humeurs de l'œil se troublent, et la cornée lucide perd sa transparence. Très-souvent le fourreau ou les mamelles sont œdématiés; le pénis sort du fourreau, reste pendant, comme paralysé, et le scrotum, au lieu d'être enduit d'une humeur onctueuse, se couvre d'une matière blanchâtre et desséchée. Dans beaucoup de sujets, les membres postérieurs s'engorgent, rendent la marche d'autant plus difficile, et cet engorgement se manifeste quelquefois au commencement même de la maladie. Le battement des flancs, qui se remarque fréquemment, n'est jamais continuel; il s'établit pour un certain temps, disparaît ensuite, et se renouvelle à des intervalles irréguliers

Assez ordinairement, la langue devient fuligineuse, se couvre d'une couche épidermoïde, noirâtre, prend du volume et de la dureté, porte sur ses côtés, et surtout à sa pointe, des taches d'un rouge pourpré, et sa face inférieure laisse apercevoir des phlyctènes, des ulcérations plus ou moins étendues et profondes. Cet état de la langue dénote constamment une inflammation sur-aiguë de l'arrière-bouche, complication fâcheuse et qui peut, comme nous nous en sommes assuré par les ouvertures cadavériques, exister sans nulle altération de l'organe. Cette complication, malheureusement très-ordinaire et que la moindre circonstance aggrave, rend la déglutition, surtout celle des fluides, toujours plus ou moins difficile, souvent même impossible. Beaucoup de malades, tourmentés par une soif ardente, cherchent continuellement à boire, battent sans cesse l'eau et ne peuvent parvenir à en prendre assez pour apaiser le besoin qui les presse; d'autres individus refusent toute espèce de boisson, et l'on ne peut leur administrer des breuvages qu'avec les plus grands dangers et en courant les risques de les suffoquer.

Le tétanos et la fourbure surviennent quelquefois. Lorsque les symptômes tétaniques se déclarent, la maladie prend une telle gravité qu'elle ne laisse nul espoir de guérison.

Dans l'examen des malades, il n'est pas toujours facile d'établir un diagnostic certain, de déterminer quel est l'organe essentiellement affecté, et de prévoir quelles pourront être les suites de l'affection. Chez quelques individus, elle débute d'une manière brusque et s'annonce avec tous les signes d'une adynamie extrême ; chez d'autres, elle s'établit graduellement et n'atteint son plus haut degré d'intensité qu'au cinquième ou sixième jour. En général, les chevaux meurent du quatrième au septième jour : le cinquième est ordinairement le plus redoutable. Les malades qui gagnent le neuvième peuvent être regardés comme étant hors de danger, à moins de rechute, dont nous ne connaissons pas encore d'exemple, mais que M. Bouley jeune a eu occasion de remarquer dans un cheval chez lequel la maladie s'est rétablie, avec tous ses caractères, au bout de six semaines de la disparition de la première attaque. Quelques chevaux périssent subitement et comme asphyxiés : cet accident extraordinaire, que j'ai remarqué pour la première fois à Rouen sur un superbe cheval de cabriolet, ne s'est pas remontré depuis la première publication de cette Notice. Deux ouvertures, faites immédiatement après la mort des animaux, m'avaient porté à croire que le genre de mort dont il est question pouvait être attribué à des concrétions fibrineuses que l'on rencontre dans les cavités du cœur. Des recherches ultérieures m'ont convaincu que l'on ne peut tirer nulle induction de la présence de ces concrétions. Il est bien reconnu que les chevaux gras sont plus gravement attaqués, et que les individus affectés primitivement de diverses maladies de poitrine, d'eaux aux jambes, ou de toute autre affection un peu intense, périssent promptement.

Une remarque particulière, dont plusieurs vétérinaires m'ont fait part, et que j'ai eu occasion de vérifier moi-même, c'est qu'en général l'épizootie exerce plus de ravages dans les lieux bas, humides et situés aux bords des rivières, que dans les pays secs et élevés; non-seulement le nombre des malades est plus grand dans ces contrées, mais la mortalité y est aussi plus considérable. Il est facile de rendre raison de cette sorte d'anomalie. En effet, l'arrière-bouche étant le plus ordinairement attaquée, l'air froid et humide aggrave promptement l'inflammation de cette partie, qui devient alors le principal siége de la maladie et de tous les phénomènes qui ont lieu. Il n'est donc pas étonnant qu'à chaque retour des temps froids et pluvieux, l'épizootie ait constamment pris de l'intensité et qu'elle ait été plus meurtrière (1). Dans la dernière quinzaine du mois de mars, nos calculs, établis de concert avec M. Leprevost père, portaient le nombre des chevaux morts à un sur vingt à vingt-cinq malades dans la vallée de Rouen, à Darnetal et aux environs (2). A partir du 1er avril, les écuries de l'Ecole royale vétérinaire d'Alfort ont reçu un grand nombre de malades, et nous avons compté beaucoup de morts pendant la première quinzaine d'avril; depuis plus d'un mois, nous ne perdons uniquement que les chevaux qui arrivent dans un état complètement désespéré. Dans les pays découverts et isolés, les mortalités sont extrêmement rares; il est des cantons où l'on ne compte même pas un mort sur cinquante malades. A Paris, la mortalité a été considérable. Dans le mois d'avril, elle s'est bornée à quinze ou vingt chevaux par jour; elle est devenue plus forte dans les derniers jours du même mois, et au commencement de mai elle était de trente

(1) Cette explication, nous sommes forcé de l'avouer, ne peut que jusqu'à un certain point fixer les idées sur ces variations d'intensité.

(2) Ce recensement se trouve exposé dans un Rapport adressé à M. le préfet de la Seine-Inférieure, sous la date du 25 mars 1825, et dont extrait est inséré dans le *Moniteur* du samedi 2 avril.

à quarante. Elle a diminué sensiblement depuis le 15 mai, et au 20 du même mois elle ne s'élevait pas à plus de six à dix morts par jour.

La convalescence, qui ne se déclare le plus communément que du huitième au dixième jour de la maladie, peut être prompte ou bien lente et difficile. Certains chevaux récupèrent avec peine leurs forces premières et restent long-temps languissans. On a généralement observé que les animaux dont la maladie n'a été combattue que par les adoucissans et les anti-phlogistiques guérissent plus vite que ceux qui ont été traités d'après une méthode excitante.

La maladie laisse chez beaucoup de sujets des traces de son existence, détermine en eux la perte de certains organes ou donne lieu à diverses autres altérations graves : quelques chevaux restent borgnes ou aveugles, par suite de mydriase ou d'albugo. M. Bouley jeune m'a fait voir un gros cheval gris affecté de surdité survenue pendant la convalescence, qui a été longue et pénible. Le même médecin-vétérinaire a eu occasion d'observer plusieurs terminaisons par fourbure chronique, dont une a été suivie de la chute des quatre sabots.

Ouvertures cadavériques.

Les ouvertures cadavériques nous ont démontré que les lésions principales résident dans le conduit digestif, et que le cœur, le péricarde, l'épiploon, le foie, ainsi que les poumons, participent aussi plus ou moins, et de différentes manières, aux désordres occasionés par la maladie (1). Nous avons remarqué de plus qu'il y a constamment un de ces organes plus fortement altéré, et que cet organe présente toujours des désordres d'autant plus graves que les autres sont moins affectés. Cette dernière observation, que nous avons eu lieu de faire autant de fois que nous avons ouvert de chevaux, explique pourquoi il est si difficile, dans le cours de la maladie, de tirer des inductions sûres pour établir le diagnostic et le pronostic.

L'altération du conduit digestif, que nous avons indiquée en première ligne, comme étant la plus ordinaire, consiste dans une inflammation plus ou moins intense et compliquée de la membrane muqueuse de l'arrière-bouche,

---

(1) Nous avons énoncé les organes, non d'après leur position, mais bien suivant l'ordre dans lequel ils sont plus communément affectés.

de l'estomac et de l'intestin. La surface interne de l'arrière-bouche, tantôt simplement rouge, ne présente que les traces d'une légère inflammation ; d'autres fois violacée ou noirâtre, porte tous les caractères d'une altération gangréneuse ; il n'est pas rare de la trouver criblée de petites ouvertures qui semblent former autant de points ulcéreux. Dans quelques sujets, ses follicules ont acquis une grosseur extraordinaire et leurs ouvertures sont béantes. Cette inflammation de l'arrière-bouche, qui détermine, quand elle est portée à un certain degré, une véritable suffocation, se propage communément dans le larynx, la trachée, et même jusqu'à l'extrémité des bronches. Dans ces dernières circonstances, les conduits aériens renferment une quantité plus ou moins grande d'écume et en sont quelquefois entièrement remplis.

L'inflammation de l'estomac, qui peut être légère ou très-intense, compliquée d'ulcérations, de pétéchies et même d'escarrhes gangréneuses, n'est ordinairement que partielle ; elle occupe le plus souvent la partie veloutée du viscère et se montre quelquefois par plaques, par vergetures, dans le sac gauche.

La surface externe des intestins grêles laisse voir en plusieurs points de son étendue des piquetures multipliées et plus ou moins rapprochées, ou bien des plaques rouges et irrégulièrement disséminées.

La face interne, toujours enduite d'un mucus glaireux et épais, est souvent couverte de taches pétéchiales. Les matières renfermées dans l'intestin grêle d'un cheval étaient desséchées et avaient la même consistance que celles contenues entre les lames du feuillet du bœuf. Le cœcum est presque toujours la portion du conduit intestinal dont la muqueuse est le plus affectée : non-seulement la rougeur y est plus intense, mais cette membrane offre de petits ulcères et des taches noires, comme gangréneuses. Ce genre d'altération se continue dans la partie repliée du colon ; mais il y est toujours moins marqué.

Après le conduit digestif, le cœur est l'organe le plus souvent et le plus fortement affecté. Le péricarde, dont la surface externe est fréquemment infiltrée d'une humeur jaune, renferme une sérosité plus ou moins abondante, parfois sanguinolente, et conserve des traces d'inflammation. Dans beaucoup de sujets, le cœur a plus du double de son volume ordinaire, sa substance, pâle et décolorée, a peu de consistance et se déchire avec facilité ; sa surface extérieure, enflammée, présente des taches noires, suite d'ecchymoses ou de gangrène. Les cavités intérieures renferment toujours un sang très-noir, épais et comme coagulé ; on y rencontre aussi très-souvent des concrétions albumineuses, jaunes ou ambrées, consistantes et fibrineuses. Ces productions, plus ou moins grosses, existent tantôt dans les cavités droites, tantôt dans les gauches, et quelquefois dans les droites et les gauches en même temps ; elles occupent toujours l'ouverture auriculo-ventriculaire, et la bouchent plus ou moins complètement : il est assez probable qu'elles commencent à se former quelques instans avant la mort ; mais nous ne pensons pas qu'elles en deviennent la cause : elles pourraient tout au plus en hâter le moment. Il n'est pas rare de rencontrer, à la surface interne des cavités du cœur, les traces d'une inflammation sur-aiguë, de trouver les valvules tricuspides et mitrales parsemées de taches rouges plus ou moins grandes, et de voir l'inflammation se propager dans les troncs artériels et veineux ; mais cette sorte d'altération, quand elle existe, ne se montre pas au même degré dans toutes les cavités du cœur, ainsi que dans les troncs vasculaires, et elle est plus que suffisante sans doute pour expliquer les anomalies que présente la circulation dans le cours de la maladie.

L'épiploon, qui peut être rouge ou flétri, se trouve fréquemment déchiré dans plusieurs de ses replis.

Le foie présente très-souvent un volume extraordinaire : il est pâle et sans consistance ; chez quelques sujets, sa surface extérieure laisse apercevoir des ecchymoses, des adhérences récentes et suites évidentes de l'inflammation. Un sujet nous a montré la rupture du lobe droit de ce viscère, avec épanchement considérable de sang dans l'abdomen et avec caillot noir renfermé dans la capsule hépatique.

Les poumons, qui ne sont presque toujours affectés que secondairement, sont tantôt simplement engoués, d'autres fois hépatisés en plusieurs endroits, ou bien enflammés à la périphérie. Dans certains sujets, on trouve les désordres qui caractérisent la complication de la pleurésie et de la pulmonie. Les altérations abdominales se propagent assez ordinairement aux organes urinaires ; ainsi, les reins ayant acquis beaucoup de volume, sont plus ou moins enflammés, gorgés de sang, et leur substance peu consistante se divise avec une facilité extrême.

La vessie, le plus souvent distendue par l'urine, participe plus ou moins à l'inflammation des autres viscères, et offre parfois des pétéchies.

En général, la substance de l'organe encéphalique est peu altérée. J'ai rencontré dans un seul cheval une inflammation très-prononcée à la surface extérieure du lobe droit du cerveau. La seule lésion qui nous a paru être constante appartient à la gaîne rachidienne, et consiste en une infiltration d'une humeur rougeâtre, dans le tissu de la méningite, vers le milieu de la région dorsale.

Outre les désordres qui précèdent, il n'est pas rare que le tissu lamineux sous-cutané, intermusculaire et sous-séreux, soit infiltré, et que ses aréoles soient remplies d'une humeur d'un jaune doré. Cette infiltration séreuse, bornée parfois à l'abdomen, existe principalement entre les lames du mésentère, et entre les membranes de l'intestin, dont les parois prennent alors beaucoup d'épaisseur. Lorsque l'infiltration est générale, les cavités du péritoine, des plèvres et du péricarde renferment une quantité plus ou moins grande de liqueur, de même couleur et de même nature que celle déposée dans les cellules du tissu lamineux.

Causes.

On ignore quelles ont été les causes premières qui ont fait naître et ont pu développer la maladie ; nous ne chercherons pas à décider si les mauvais fourrages ont eu plus de part à sa production que les intempéries atmosphériques, telles que les vents du nord, qui ont été fréquens et sont survenus à la suite de longues pluie ; ou bien si la cause doit en être exclusivement attribuée au régime hygiénique mal combiné, aux boissons, aux habitations insalubres, etc. Il est très-présumable que quelques-uns de ces agens ont exercé une influence morbide sur l'organisation des animaux ; et si l'on fait attention que dans la Seine-Inférieure l'épizootie a pris naissance dans une vallée profonde, où l'air est chargé de vapeurs, où la récolte des fourrages de l'année a été généralement mal faite, l'on restera convaincu que l'humidité, les exhalaisons marécageuses et les alimens altérés n'ont pas dû être étrangers au développement de la maladie régnante. Cependant les renseignemens pris de tous côtés, les observations recueillies par nous-même et par beaucoup d'autres vétérinaires, ne sont point suffisans pour nous permettre de prononcer dans une question aussi importante, et qui est restée presque toujours insoluble lors des diverses épizooties dont on a publié l'histoire.

Le point essentiel à discuter est de savoir si la propagation de l'épizootie ne doit pas être attribuée autant à la contagion qu'à une constitution atmosphérique, à l'usage d'alimens altérés, ou à toute autre cause occulte. Sans prétendre décider le fond de la question, nous dirons que les présomptions ont semblé d'abord être en faveur de la contagion. Le doute seul, dans un cas semblable, ne fût-il même que peu fondé, suffit pour faire sentir la nécessité de séparer les malades d'avec les chevaux sains, et d'empêcher toute communication entre eux.

Pour discuter avec méthode le fait concernant la contagion ou la non-contagion de l'épizootie, nous reproduirons ici les observations insérées dans les éditions précédentes, et qui semblent être en faveur de la contagion.

1°. La maladie, qui s'est manifestée au commencement de l'hiver, n'a d'abord paru que dans quelques contrées, d'où elle s'est propagée de proche en proche dans les lieux environnans.

2°. Dans chaque bourg ou village, elle a toujours commencé par un seul cheval, qui est devenu comme un centre, un foyer d'infection pour tous ceux qui l'approchaient.

3°. Quand elle se déclare dans une écurie où il y a plusieurs chevaux, elle suit la même marche, attaque d'abord un seul individu, se déclare peu à peu dans tous les autres, en commençant par celui qui est le plus près de l'animal affecté : cependant quelques chevaux résistent et conservent la santé au milieu même des malades.

4°. Plusieurs des chevaux employés au transport des animaux morts de l'épizootie ont été eux-mêmes atteints et victimes de cette maladie (1).

5°. Quelques vétérinaires, tels que MM. Leprévost père et fils, ont vu l'affection se déclarer sur les chevaux qu'ils montaient pour aller visiter leurs malades.

6°. L'opinion générale est que la maladie a été apportée à Paris par les marchands qui ont acheté des chevaux en Normandie. Il est certain au moins que l'affection a régné dans les écuries de tous ces marchands, et que la mortalité a même été considérable chez quelques-uns d'entre eux.

(1) Au 25 mars, l'équarrisseur de Rouen avait déjà perdu deux chevaux, et d'autres équarrisseurs de Paris ont éprouvé de semblables pertes.

7°. La maladie a été introduite dans les infirmeries de M. Bouley jeune, l'un des vétérinaires les plus distingués de la capitale, par un cheval malade appartenant à un jardinier. Trois jours après l'admission de cet animal, le cheval voisin a donné les signes de l'affection, et six autres ont été successivement attaqués; un seul d'entre eux, ayant des eaux aux jambes, a succombé; les autres ont guéri en peu de temps.

Ensuite de ce qui vient d'être rapporté, nous avons dit que nous n'entrevoyions encore que des probabilités pour la contagion, et que la solution de la question exigeait des observations plus nombreuses, plus variées, surtout plus positives. Nous avons ajouté qu'il était nécessaire de se livrer à de nouvelles recherches, de faire de nouveaux rapprochemens, et de bien étudier toutes les circonstances propres à éclaircir ce point important de médecine vétérinaire.

Parmi les faits recueillis depuis le 15 avril dernier, et qui semblent prouver la non-contagion de l'épizootie, nous rapporterons les suivans : 1°. Trois chevaux abandonnés à l'École royale d'Alfort, pour cause d'affections chroniques et incurables, et étant d'ailleurs vigoureux, bien portans, ont cohabité depuis le mois de mars parmi les chevaux malades, et aucun d'eux n'avait présenté au 20 mai des signes de l'épizootie régnante.

2°. De son côté, M. Bouley jeune a fait une expérience semblable à la précédente, et a eu les mêmes résultats. Deux chevaux dont il se sert habituellement pour faire ses courses mangent et couchent depuis plus de six semaines dans la même écurie et à côté des animaux affectés de l'épizootie, et ils n'en ont pas encore été atteints.

3°. L'épizootie, qui s'est déclarée dans le courant d'avril parmi les chevaux de la gendarmerie royale, casernée à Paris, rue des Francs-Bourgeois, n'a affecté que trois individus, qui ont tous guéri, et elle n'a pas reparu depuis.

4°. M. Dailly, maître de poste de Paris, n'a pas eu un quart de ses chevaux malade : ils n'ont cependant pas cessé d'avoir entre eux des communications.

5°. Depuis la dernière quinzaine d'avril, la maladie ne s'est manifestée sur aucun des chevaux employés par le sieur Dussaussoi, équarrisseur, au transport des animaux morts.

6°. Les vétérinaires de Paris et des environs avec lesquels j'ai entretenu des relations m'ont communiqué divers faits semblables aux précédens, et ils penchent tous pour la non-contagion.

Ces citations, que je pourrais multiplier, semblent suffisantes pour faire rejeter toute idée de contagion. Nous dirons cependant qu'il n'est pas encore rigoureusement prouvé que la maladie ne soit pas susceptible de se communiquer dans quelques circonstances, comme dans le cas d'angine gangréneuse bien caractérisée. Toutes les affections de cette espèce ont un principe infectant, et peuvent se transmettre à un animal sain par simple contact. Si elles ne sont pas toujours contagieuses, elles sont de nature à le devenir, et cette seule réflexion suffit pour nous faire persister dans les mesures prescrites de séquestrer soigneusement les chevaux attaqués de l'épizootie.

Traitement.

Le développement des maladies épidémiques ou épizootiques, et surtout de ces dernières, a été constamment et à toutes les époques le signal de l'invasion d'une armée de guérisseurs, qui semblent sortir de terre, se présentent avec des spécifiques merveilleux, ne voient dans le malheur public qu'un moyen de faire des dupes, et cherchent à profiter de l'effroi général pour servir leurs intérêts particuliers. A peine l'épizootie dont nous parlons avait-elle fait quelques ravages, que nous avions eu connaissance de remèdes annoncés comme des spécifiques constatés par l'expérience. Plusieurs de ces remèdes, très-différens entre eux par leur composition et leurs propriétés, ont paru produire d'heureux résultats ; mais ces résultats, fussent-ils réels, ce qui n'est point suffisamment constaté, ne prouveraient rien en faveur des uns ni des autres, puisque leur effet a dû être diamétralement opposé, et il est raisonnable d'attribuer toutes les guérisons au bénéfice de la nature. Il est constant en effet que dans les contrées où ces prétendus spécifiques ont été employés, les chevaux traités, soit avec les délayans et les adoucissans, soit avec les toniques et les échauffans, guérissaient également.

Les vétérinaires ont combiné le traitement de la maladie dont il s'agit suivant les idées qu'ils se sont formées de sa nature. Ceux qui ont envisagé l'épizootie comme simplement inflammatoire, n'ont employé que la saignée, les délayans et les anti-phlogistiques : ont-ils regardé la maladie comme étant de nature charbonneuse, ils ont eu recours aux exutoires et ont administré à l'intérieur le quinquina, le camphre, le nitre, etc. ; quelques autres enfin ont combiné les anti-phlogistiques, les exutoires et les toniques amers, selon le début et la marche de l'affection.

Les anti-phlogistiques, employés dans les premiers temps de la maladie, impriment le plus souvent une direction favorable et déterminent une prompte guérison; mais lorsque, malgré leur emploi, l'adynamie persiste ou augmente, il convient de changer la nature des remèdes et de recourir aux toniques amers et aux antiseptiques, parmi lesquels il faut placer en première ligne le quinquina et l'acétate d'ammoniaque (esprit de Mindérer), dont les bons effets ont déjà été constatés dans le typhus de 1814.

Il est rare cependant que la maladie prenne un caractère de gravité tel que l'on soit obligé d'avoir recours à ces moyens. Les résultats avantageux des saignées dès le début, leur association avec les exutoires, que l'on applique à la fois et sur la peau et sur le tissu cellulaire (vésicatoires et sétons), l'intensité des symptômes dans les individus jeunes, gras et pléthoriques, ne permettent pas de se méprendre sur la nature des moyens qu'il convient de mettre en usage pour arrêter les progrès du mal. Est-il bien vrai que l'emploi des saignées et des adoucissans ait provoqué l'adynamie dans quelques chevaux, et ces symptômes adynamiques n'étaient-ils pas plutôt une suite nécessaire de la violence de la maladie? Il est certain au moins que nous n'avons pu constater par nous-même l'exactitude de cette assertion, qui est mise en avant seulement par quelques vétérinaires, et qui nous semble fort douteuse. Nous serions, au contraire, porté à croire que les toniques, et à plus forte raison les excitans, aggravent la maladie. La précipitation avec laquelle nous avons été forcé de parcourir quelques-uns des pays que l'épizootie ravage, ne nous a pas permis de recueillir un grand nombre d'observations complètes; mais quand nous n'aurions pas vu un seul malade, les ouvertures des cadavres auraient suffi pour nous indiquer la nature de l'affection, et pour nous prescrire une méthode rationnelle de traitement.

Nous ajouterons à ce que nous venons de dire que le régime blanc, la diète et la saignée sont, de l'aveu même des partisans des toniques, les meilleurs moyens de préserver les chevaux des atteintes de l'épizootie, et d'en modérer la violence lorsqu'elle se déclare malgré leur emploi.

D'après ces considérations, les chevaux placés au milieu des pays où règne l'épizootie devront être tenus dans des écuries bien aérées, mis à l'eau blanche et soumis à un travail moindre que celui qu'ils font habituellement. Il conviendra de les séparer des animaux malades, comme aussi de leur supprimer en partie le foin, et de mêler quelques racines à leur avoine; enfin, pour peu qu'ils soient jeunes et gras, il ne sera pas mal de leur faire une saignée proportionnée à leur âge, à leur taille et à leur état d'embonpoint. La saignée de *précaution* serait surtout indiquée si le cheval était pléthorique et déjà atteint d'une autre maladie, quelque légère qu'elle fût, puisque, comme on l'a vu, il semble alors y avoir métastase, et que la plupart des individus qui succombent se trouvaient dans cette position. Dans ces cas, il serait peut-être à-propos de placer un exutoire pour prévenir les métastases. La nature et la position de cet exutoire doivent varier suivant la maladie dont on redoute la répercussion : ainsi, dans les eaux aux jambes, ce serait un vésicatoire sur le siége même des ulcères; des sétons au poitrail, ou tout autre révulsif sur les parties latérales du thorax, conviendraient pour les affections de poitrine.

Si, malgré ces moyens, on ne parvient pas à prévenir la maladie, dès que les premiers symptômes se déclarent, l'animal doit cesser tout travail et être mis au régime le plus sévère. L'eau dégourdie, chargée de farine d'orge et très-légèrement nitrée, lui servira tout à la fois de boisson et de nourriture. Si la bénignité de la maladie permet de se relâcher de cette sévérité, on pourra donner un peu d'avoine cuite, ou des racines hachées, telles que carrottes, betteraves, etc.: encore est-il mieux de s'en abstenir jusqu'à la convalescence, qui, dans ces cas, ne se fait pas long-temps attendre.

Ce régime une fois prescrit, l'on commencera par ouvrir la jugulaire. La saignée devra être large et copieuse, si le pouls est plein, dur, et les symptômes inflammatoires très-prononcés ; elle le sera d'autant moins que l'inflammation sera moins forte. La petitesse, la concentration du pouls, les signes premiers de prostration, la crainte de l'adynamie ne doivent point faire hésiter sur l'emploi du même moyen : seulement on devra tirer moins de sang à chaque opération, et la réitérer autant de fois qu'il y aura nécessité.

L'application des vésicatoires et des sétons enduits d'onguent épispastique et trempés dans l'essence de térébenthine, pourra suivre immédiatement la phlébotomie. Leur action est cependant peu certaine, et leurs effets moins évidens que ceux de l'effusion du sang. Les sétons m'ont paru presque toujours inutiles et souvent dangereux; dans quelques cas ils sont suivis d'accidens graves qui appellent toute l'attention du médecin et exigent les secours les plus prompts et les plus énergiques. Ces accidens consistent dans l'apparition de tumeurs à l'endroit où les sétons ont été placés, soit, ce qui est le plus ordinaire, que leur application n'ait encore été suivie d'aucun résultat; soit que la suppuration ait été tout-à coup supprimée, ce qui est plus rare, mais beaucoup plus grave, en ce que l'apparition de ces tumeurs de mauvaise nature se complique alors d'une métastase sur un organe intérieur plus ou moins important. Elles semblent se développer de préférence aux fesses: au moins les a-t-on observées plus rarement au poitrail et sur les parties latérales de la poitrine. Leur forme est irrégulière; elles ne sont point circonscrites, acquièrent en peu de temps un volume et surtout une étendue considérables, et sont presque toujours indolentes. Elles consistent dans une infiltration jaune ou roussâtre du tissu lamineux sous-cutané, accompagnée d'un état semblable du tissu cellulaire sous-séreux, d'épanchemens dans les cavités thoracique ou abdominale, et précèdent le plus ordinairement les symptômes d'adynamie, ou bien se déclarent en même temps que ceux-ci. L'indication la plus pressante est de retirer le séton, de faire de nombreuses scarifications, dans lesquelles on enfonce des pointes de feu, assez profondément pour que l'animal témoigne de la douleur. Ce moyen, à la vérité, n'est pas toujours suivi de succès, mais il n'en doit pas moins être regardé comme le seul capable de prévenir une terminaison funeste, en fixant l'irritation à l'extérieur. On emploiera avantageusement et comme moyens secondaires le *chlorure d'oxide de sodium* de M. Labaraque, soit en lotion sur la tumeur, ou bien en injection dans les scarifications, après l'avoir étendu dans une égale partie d'eau (1), et l'on administrera à l'inté-

---

(1) Cette liqueur, employée avec avantage par messieurs Bouley jeune et Vatel, détruit promptement l'odeur fétide qu'exhalent les tumeurs, facilite la chute des escarrhes, et paraît être un puissant anti-septique. Nous croyons devoir placer ici une note de M. Labaraque, qui, le premier, a proposé l'emploi de ce moyen, déjà connu avantageusement en médecine.

Note de M. Labaraque sur l'emploi du chlorure d'oxide de sodium *pour* désinfecter *et* assainir les écuries.

Le chlorure d'oxide de sodium sera d'une très-grande utilité pour assainir et désinfecter les écuries insalubres, et celles qui auront été habitées par des chevaux malades. Il devra être employé de la manière suivante :

On mettra une bouteille de chlorure d'oxide de sodium concentré dans un seau plein d'eau pure ; on remuera ce mélange.

On trempera une forte brosse, ou un balai de

rieur les anti-septiques avec prudence et discernement.

Les breuvages mucilagineux ou délayans, avec la décoction d'orge ou de mauve, etc., un peu aiguisés par le nitrate de potasse, doivent être préférés aux pilules, aux électuaires de même nature; et la raison en est trop évidente pour qu'il soit nécessaire de la développer. On

---

bruyère dans l'eau *chlorurée*, et immédiatement on passera avec force cette brosse sur toutes les faces des murs, sur la mangeoire, sur le ratelier, et généralement sur toutes les parties hautes et basses de l'écurie. Cela fait, on lavera avec de l'eau pure toutes les parties qui ont été lessivées avec le chlorure. Enfin on agira pour cette opération *à l'instar des peintres, qui passent à l'eau seconde les boiseries d'un appartement.*

Une écurie de quarante pieds de longueur sur douze de largeur et dix de hauteur, exige quatre bouteilles de chlorure concentré. Chaque bouteille doit être étendue dans dix à douze litres d'eau de Seine. D'après cela, on peut établir qu'une bouteille suffit pour une écurie de trois ou quatre chevaux.

La désinfection d'une écurie opérée, on ouvrira portes et fenêtres pour la laisser sécher, ensuite on pourra y faire séjourner des chevaux bien portans sans craindre qu'ils se trouvent infectés. Cependant, dans un cas d'épizootie, on devra, comme moyen prophylactique, faire un arrosage matin et soir avec de l'eau chlorurée qu'on

leur associera l'emploi des lavemens émolliens, et on mettra en usage les gargarismes légèrement acidulés, si le malade avait de la peine à ouvrir la bouche et que les symptômes annonçassent une angine bien caractérisée.

Les fomentations émollientes sur les reins et même sur tout le corps, ainsi que les bains de vapeur, ne doivent pas être négligés; ces moyens, bien combinés et employés en temps opportun,

---

préparera comme il suit : Une bouteille de chlorure concentré sera mise dans quatre ou cinq seaux d'eau, et on arrosera largement les écuries avec ce mélange. Les chevaux ni les hommes n'éprouveront aucune incommodité de ce moyen de désinfection, et on en obtiendra de grands avantages sous le rapport de la salubrité.

Pour laver les chevaux comme on est dans l'usage de le faire lorsqu'ils sont guéris, et avant de les réunir avec des chevaux bien portans, on se trouvera très-bien de substituer à l'eau vinaigrée de l'eau contenant une faible dose de chlorure, c'est-à-dire préparée comme il vient d'être indiqué pour les arrosages.

Cette instruction est trop courte pour ne pas laisser, dans certaines circonstances, quelque chose à désirer, mais les lumières de messieurs les Médecins-Vétérinaires suppléront à ce qu'elle pourrait offrir d'incomplet, et les modifications qu'ils jugeront convenable de faire suivant les cas et les localités rendront entièrement efficace ce moyen de désinfection.

ont des avantages très-marqués ; ils modèrent l'inflammation, et secondent l'effet de la saignée, des anti-phlogistiques et des adoucissans.

S'il était utile de donner quelques toniques, ce ne serait que vers la fin de la maladie, et l'on ne devrait les administrer qu'avec la plus grande circonspection.

Nous avons déjà dit qu'au milieu du trouble général, et pour ainsi dire, des plaintes de tous les organes irrités, il était difficile de distinguer celui qui était affecté le plus gravement : aussi n'est-il possible d'employer, dans le plus grand nombre des cas, qu'une méthode générale de traitement. Si cependant les symptômes d'une maladie particulière se dessinaient franchement, il faudrait faire contre elle le traitement spécial qu'indiqueraient sa nature et sa gravité. C'est ainsi que, dans l'ictère, à l'usage des anti-phlogistiques on unirait celui de légers évacuans, tels que la crême de tartre : de même, s'il y avait complication de tétanos, on emploierait les narcotiques, les opiacés ; enfin, suivant les circonstances, l'on pourrait se servir avantageusement du quinquina, de l'acétate d'ammoniaque et du camphre.

Ces dernières substances, prescrites toutes les fois que les anti-phlogistiques ne déterminent pas une amélioration sensible, et que la prostration des forces ne fait qu'augmenter, peuvent être combinées avec d'autres auxiliaires. Ainsi, l'on peut associer au quinquina des fébrifuges indigènes, tels que la gentiane, et alterner l'usage de l'esprit de Mindérer avec d'autres substances amères employées autant que possible en décoction. On peut aussi multiplier les points de dérivation, et appliquer à cet effet des sétons aux fesses, même à l'encolure, près de la tête, lorsque l'on a quelques raisons de craindre les suites de l'inflammation des yeux. Toutes les fois que ces nouveaux exutoires déterminent de l'irritation et qu'ils amènent de la suppuration, le pronostic est favorable ; au contraire, si les sétons restent sans effet, le pronostic est fâcheux ; il le devient d'autant plus qu'ils sont suivis du développement de ces tumeurs œdémateuses dont nous venons de parler, et contre lesquelles nous avons prescrit un traitement convenable.

www.ingramcontent.com/pod-product-compliance
Ingram Content Group UK Ltd.
Pitfield, Milton Keynes, MK11 3LW, UK
UKHW022004260726
13994UKWH00004B/1936